百年記憶兒童繪本

李東華｜主編

# 中國天眼

西銀｜文　　王祖民　王鶯｜繪

中華教育

阿天和外公外婆生活在克度鎮一個偏遠的大窩氹裏。從空中俯瞰，這個被綠色環繞的大窩氹就像一口大鍋，雄偉壯觀。

九歲的阿天從沒走出過這裏，沒見過大窩氹外面的世界。

阿天問外婆：「外婆，大窩氹的外面是甚麼呀？」
外婆說：「外面就是大世界呀。」
「那大世界的外面呢？」阿天又問。
「是比天還大的世界呀。」外婆說。

阿天一心想看看外面的大世界。可是，外婆年紀大了，容易迷路，哪裏也去不了。

阿天喜歡仰望夜空。從大窩氹向上看去，星星一閃一閃的。也許那裏就是最大的世界，阿天想。

於是，阿天讓外婆給他講星星的故事。

外婆說：「天上的一顆星就是一個人，人去世以後，就會變成夜空中一顆明亮的星星。」

那年秋天，外婆生病了。

「外婆……你會變成星星嗎？」阿天趴在外婆牀前，哽咽着說。

「會的呀……外婆在天上望着你，你想外婆的時候，就看看天空。」

沒過多久，外婆就永遠閉上了雙眼。

外婆去世後，阿天很孤獨，他每晚都躺在草垛上，想在夜空中找到外婆。

可是，他尋遍了夜空，也沒找到外婆變成的那顆星星。

一天，一羣人來到了大窩氹。

在這之前，可是很少有外面的人來大窩氹的。阿天很好奇，他們是甚麼人？

這羣人來到阿天的家裏，他們說要在這裏建一個世界上最大的望遠鏡。
「用它可以看見天上的外婆嗎？」阿天問。
一位工程師爺爺看了看牆上的外婆照片，說：「看得見的。」

大窩氹要建大望遠鏡了。阿天和外公去了克度鎮生活。

阿天想，以後還要來大窩氹看星星。

外公也成了建設大望遠鏡隊伍中的一員，他負責給工人們燒水煮茶。從那以後，阿天就經常跟着外公來大窩凼。

戴着藍色安全帽的工程師爺爺也在這裏。漸漸地，阿天和他成了好朋友。

「其實，幾年前我就來過這裏，那時候你還是個抱在手上的小娃娃呢！」工程師爺爺說。

「來這裏做甚麼呀？」阿天驚訝地問。

「來找建大望遠鏡的地方，總要看看才知道合適不合適的。」

阿天對這個大望遠鏡充滿了好奇。

工程師爺爺摸了摸阿天的腦袋，講起了自己的故事。

工程師爺爺小時候最喜歡做的事就是在寧靜的夜裏仰望星空。

後來，他刻苦學習，決心成為科學家，好去探尋星空的祕密。

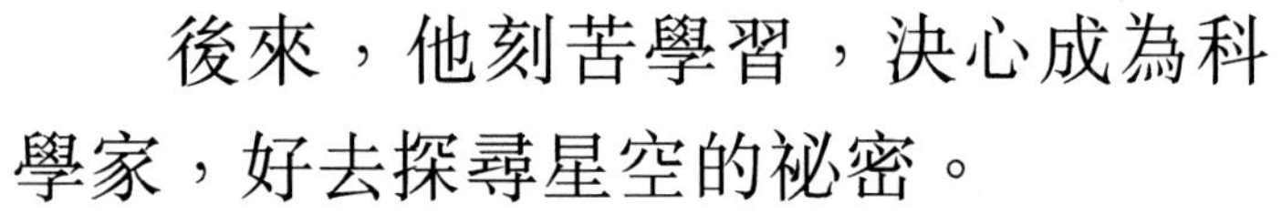

功夫不負有心人，工程師爺爺考上了重點大學的無線電專業，畢業後如願成了一名天文學家。

1993年，國際無線電科學聯盟大會在東京舉行，科學家們提出要建造新一代射電望遠鏡，接收更多宇宙訊息。

中國率先行動起來，決定建設500米口徑的大球面射電望遠鏡。

正在海外工作的工程師爺爺聽說祖國要建設500米口徑的大射電望遠鏡，立馬回到了祖國。他要為國家出一份力。

很多外國人認為這根本不可能實現。要知道，當時中國天文望遠鏡的最大口徑只有25米。

可是，工程師爺爺很執着，他有信心讓這個巨大的望遠鏡誕生在中國大地上。

工程師爺爺開始和團隊一起尋找適合建設望遠鏡的台址。

他們走遍了西南大山裏的幾百個窩凼。喀斯特大山裏沒有路，大家只能在石頭縫間的灌木叢中摸索着前行，有一次還差點兒掉下懸崖。

「阿天，你知道嗎？我們整整花了十二年，才從391個窪地中選定了這裏。為了找到這個大窩凼，我們踏遍了大西南的每一個角落。」工程師爺爺說。

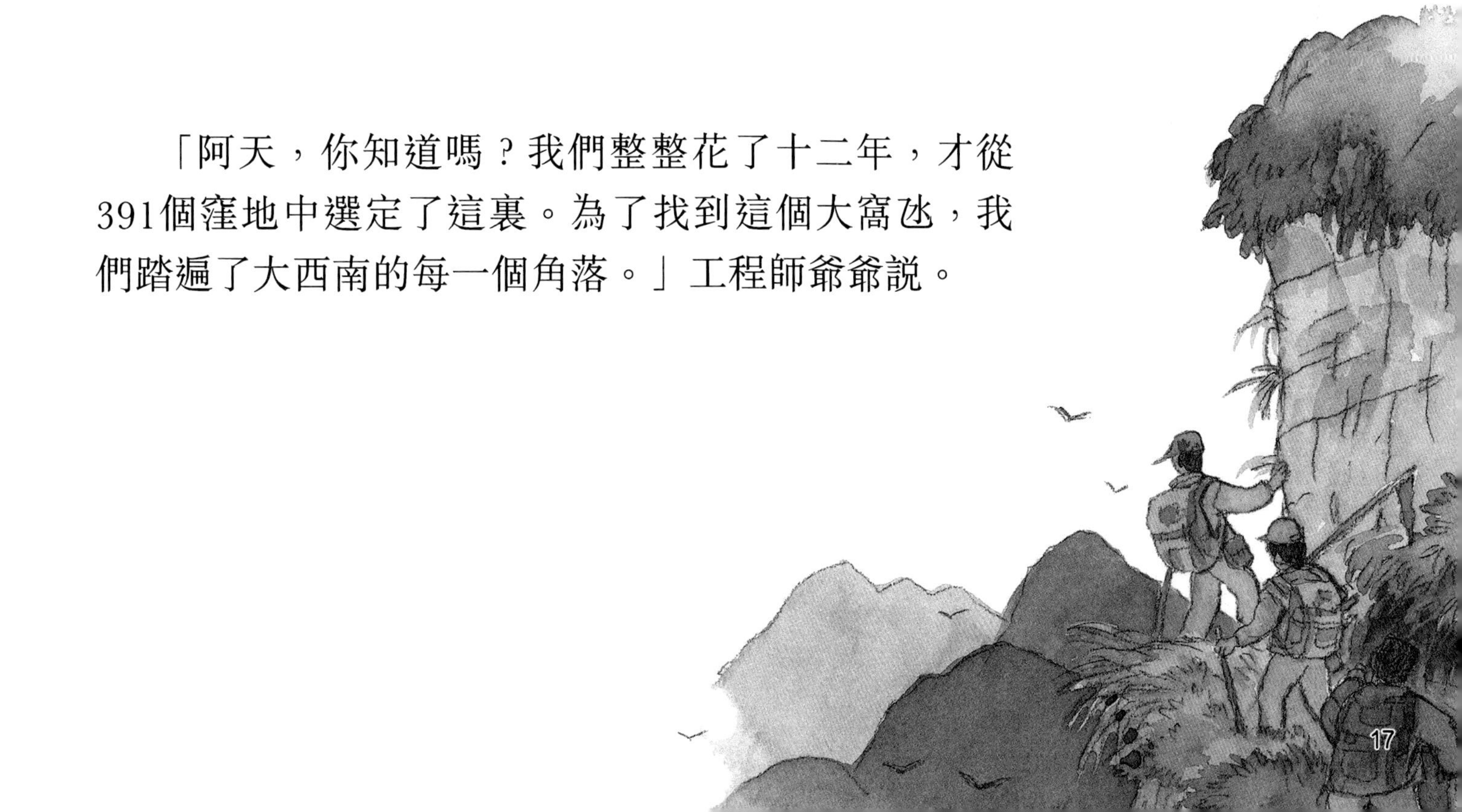

又有一次，工程師爺爺下窩氹時突然遇到暴雨，泥石流和山洪裹着砂石席捲而來。他連滾帶爬地逃了出來。

可是，他並沒有懼怕。

「路，是一步一個腳印走出來的呀。」工程師爺爺常常說。

「為甚麼把地點選在這裏呢？」阿天問。

「這裏天然形成的喀斯特窪坑正好能當成一個又大又圓的天然鍋架，剛好可以放下這口大鍋形狀的望遠鏡，而且遠離城市信號干擾，所以咱們就在這裏安家落户了。」工程師爺爺說。

在偏僻的窩凼建造大望遠鏡，條件十分艱苦。
面對困難，沒有人畏懼退縮，大家都迎難而上。
外公對阿天說：「他們是最可愛、最了不起的人。」

這架大望遠鏡被稱為「天眼」。

建造天眼是一個龐大的工程，要用到很多很多知識。每個領域都是開創性的工作，沒有任何經驗可以借鑒，很多關鍵技術只能靠慢慢摸索。

工程師爺爺每天都在孜孜不倦地學習、研究。

在工程師爺爺的影響下，阿天漸漸愛上了科學。
工程師爺爺問阿天的理想是甚麼。
阿天仰頭望着天空說：「我想當一名像您這樣的天文學家。」
工程師爺爺笑着摸了摸阿天的頭，眼裏淚花閃爍。

工程師爺爺告訴阿天，天眼的建造需要五年。

造一架望遠鏡要用五年時間，這是一架甚麼樣的望遠鏡呢？阿天想。

阿天一天天長大，工程師爺爺一天天變老。
為了建設天眼，他把這裏當成了自己的家，一天天，一年年……
阿天問工程師爺爺想不想家。
工程師爺爺說：「想啊，想家人時就看看他們的照片。」

2016年9月25日，天眼建成了。從選址到正式建成啟用，歷時二十多年。天眼巨大的反射面由4450塊面板組成，面積達25萬平方米，相當於30個足球場那麼大。與德國波恩100米口徑的望遠鏡相比，天眼的靈敏度約是它的10倍。

「你知道咱們的天眼有多靈敏嗎？」工程師爺爺說，「在月球上打電話，它都能看得到。」

建成後不久，天眼捕獲了一顆閃爍的脈衝星。看到這條消息，阿天想起了外婆。不知道天眼能不能找到外婆變成的星星，把自己的思念帶給她呢？

截至目前，天眼已探測到許多顆優質的脈衝星候選體。

「脈衝星是做甚麼的呢？」

「脈衝星的作用大得很，它就像是宇宙中的燈塔，為星際探索、航天飛行指引方向。」

世界各地的人都來到克度鎮，想一睹天眼的風采。國外科學家連連讚歎，說天眼是他們見過的最強大的射電望遠鏡。

阿天十五歲那年，考上了重點高中。他想和工程師爺爺一樣，用知識讓世界變得更美好。

工程師爺爺不僅改變了世界，還改變了一位少年的人生理想。他像一顆明亮的脈衝星，為阿天指引着人生的方向。

阿天長大的這個偏遠小鎮漸漸熱鬧起來，人們給它取了一個名字叫「天文小鎮」。一到暑假，全國各地的孩子們就會來這裏旅遊，阿天給他們當起了導遊。

小鎮上令人眼花繚亂的科學項目，讓山裏的孩子們看到了全新的世界。人們的生活也越來越好。

一天，阿天收到了一個從北京郵寄來的包裹。
他迫不及待地打開，裏面是一架高倍天文望遠鏡。
阿天兩眼一熱，淚水順着臉頰滾落下來。

晚上，透過望遠鏡，阿天看到了夜空中的啟明星。

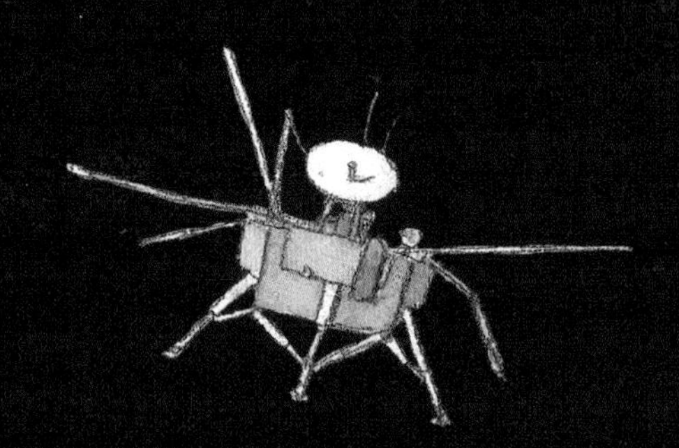

◎責任編輯 楊紫東
◎裝幀設計 鄧佩儀
◎排　　版 鄧佩儀
◎印　　務 劉漢舉

百年記憶兒童繪本

# 中國天眼

李東華｜**主編**　西銀｜**文**　王祖民　王鶯｜**繪**

**出版｜中華教育**
香港北角英皇道 499 號北角工業大廈 1 樓 B 室
電話：(852) 2137 2338 傳真：(852) 2713 8202
電子郵件：info@chunghwabook.com.hk
網址：http://www.chunghwabook.com.hk

**發行｜香港聯合書刊物流有限公司**
香港新界荃灣德士古道 220-248 號荃灣工業中心 16 樓
電話：(852) 2150 2100　傳真：(852) 2407 3062
電子郵件：info@suplogistics.com.hk

**印刷｜迦南印刷有限公司**
香港葵涌大連排道 172-180 號金龍工業中心第三期 14 樓 H 室

**版次｜2023 年 4 月第 1 版第 1 次印刷**
©2023 中華教育

**規格**｜12 開 (230mm x 230mm)

**ISBN**｜978-988-8809-58-5

本書中文繁體字版本由江蘇鳳凰少年兒童出版社授權中華書局（香港）有限公司在中國香港、中國澳門、中國台灣地區獨家出版、發行。未經許可，不得複製、轉載。